Andrey Amand

O mundo das corridas virtuais e as inovações Kart VR Evolution

Andrey Amand

O mundo das corridas virtuais e as inovações Kart VR Evolution

Criação do Karting VR: Modelo de negócio, tecnologias e questões de segurança

ScienciaScripts

Imprint

Cover image: www.ingimage.com

This book is a translation from the original published under ISBN 978-620-8-01185-7.

Publisher:
Sciencia Scripts
is a trademark of
Dodo Books Indian Ocean Ltd. and OmniScriptum S.R.L publishing group

120 High Road, East Finchley, London, N2 9ED, United Kingdom
Str. Armeneasca 28/1, office 1, Chisinau MD-2012, Republic of Moldova, Europe
Managing Directors: Ieva Konstantinova, Victoria Ursu
info@omniscriptum.com

Printed at: see last page
ISBN: 978-620-8-38037-3

Autor: Andrey Amand

Título: O mundo das corridas virtuais e as inovações.

Subtítulo: Kart VR Evolution: Criação do Karting VR: Modelo de negócio, tecnologias e questões de segurança

Anotação

A realidade virtual (RV) é uma ferramenta poderosa para a educação, formação e desenvolvimento de novas formas de entretenimento. Nesta monografia, examino o mundo do karting virtual através da lente da atração Kart VR Evolution, que transporta o jogador para um mundo dinâmico de corridas do futuro. O Kart VR é uma síntese de tecnologias de ponta, desde scooters auto-equilibradas a auscultadores de realidade virtual.

Explorarei os aspectos tecnológicos do projeto, as suas soluções inovadoras, as vantagens competitivas e as perspectivas de desenvolvimento do mercado. Será dada especial atenção aos aspectos sócio-éticos da utilização desta tecnologia. Esta monografia destina-se a criadores, engenheiros, investigadores e a todos os interessados em tecnologias modernas e na sua aplicação em vários domínios. Partilho os conhecimentos profundos e a experiência prática adquiridos durante a criação deste projeto único no domínio da realidade virtual.

Palavras-chave:

- Realidade virtual (RV)
- Realidade aumentada (RA)
- Realidade mista (RM)
- Karting VR
- Corrida virtual
- Simuladores de condução VR
- Evolução do Kart VR
- Tecnologias inovadoras
- Tecnologias imersivas
- Simuladores de formação
- Simuladores de corridas
- Trotinetes auto-equilibradas
- Fones de ouvido VR
- Apple vision pro
- Corrida de equipas
- Atracções de RV

Índice

Introdução

A Realidade Virtual abre novos horizontes para a aprendizagem, a formação e o entretenimento. Nesta monografia, apresento aos leitores uma visão detalhada da atração Kart VR Evolution, que representa uma simbiose de tecnologias de ponta e inovações únicas, transformando um espaço fechado numa emocionante pista de corridas do futuro. O projeto combina os avanços das scooters auto-equilibradas e dos auscultadores de realidade virtual, criando uma experiência inigualável de imersão total.

Este livro é um mergulho profundo no mundo da atração Kart VR Evolution VR, esbatendo as linhas entre o mundo real e virtual das corridas. Aqui encontrará não só uma análise detalhada das soluções tecnológicas, inovações e vantagens competitivas do projeto, mas também um exame das suas perspectivas comerciais, bem como de importantes aspectos socioéticos e ambientais.

Este livro destina-se a um vasto leque de leitores: programadores, engenheiros, investigadores, empresários e qualquer pessoa interessada em tecnologias modernas e na sua aplicação em vários domínios. Partilho convosco a minha experiência prática e os conhecimentos adquiridos durante a criação desta atração única de RV e convido-vos para uma viagem fascinante ao mundo das corridas virtuais!

Capítulo 1. Kart VR Evolution - O coração da atração: De corridas reais para virtual

Ao observar uma corrida numa das pistas de karting de Moscovo, não conseguia desviar o olhar dos velozes karts que corriam pela pista. Havia algo de cativante na cena: a velocidade, a excitação, a sede de vitória, tudo fazia o meu coração bater mais depressa. Mas, ao mesmo tempo, via claramente o outro lado da moeda: as limitações, os riscos e a inacessibilidade deste prazer para muitos. O tempo podia interromper a corrida a qualquer momento, o perigo espreitava a cada curva e o elevado custo do equipamento e do aluguer do kart tornava o karting inacessível a um vasto público.

Sendo um especialista no domínio da RV/RA e da IA, estou constantemente a pensar na forma como as novas tecnologias podem mudar o nosso mundo e torná-lo melhor. E, naquele momento, na pista de karting, ocorreu-me uma ideia: e se pudéssemos transferir toda a dinâmica e emoção das corridas para a realidade virtual? Criar uma atração que proporcionasse às pessoas uma experiência de corrida inesquecível, livre de todas as limitações e perigos do mundo real?

Assim nasceu o projeto Kart VR Evolution - um verdadeiro avanço no mundo do entretenimento virtual, criado para lhe dar a sensação de liberdade e emoção das corridas reais, mas sem as limitações do mundo real. No Kart VR, pode correr a qualquer velocidade, sem medo de acidentes e independentemente das condições climatéricas. Trata-se de uma combinação única de tecnologias de ponta, como scooters auto-equilibradas transformadas em karts de corrida, auscultadores VR com uma resolução impressionante e servidores potentes unidos por um software inovador. O Kart VR Evolution é o resultado de muitos anos de trabalho com o objetivo de criar uma experiência de corrida virtual sem paralelo que irá mudar a sua perceção deste tipo de entretenimento.

No entanto, o caminho para a realização deste sonho não foi fácil. Enfrentámos obstáculos inesperados, desafios técnicos, dúvidas e riscos. Falarei sobre esta viagem emocionante - desde a ideia inicial até ao lançamento da atração - no meu livro.

Mas, antes de mergulharmos no mundo da velocidade virtual, vamos manter-nos um pouco concentrados e falar sobre as condições necessárias para implementar este projeto emocionante. O karting RV não tem apenas a ver com tecnologias avançadas, mas também com uma infraestrutura cuidadosamente pensada que garanta segurança, conforto e uma experiência inesquecível para cada jogador.

1.1. Um espaço para corridas virtuais

O coração do Kart VR Evolution é a área de jogo - um espaço com pelo menos 20x20 metros, onde os jogadores podem mergulhar totalmente no mundo das corridas virtuais. No entanto, para além da própria arena de corridas, a atração requer espaço adicional para um funcionamento perfeito:

- **Zona de carregamento:** Aqui, as scooters giroscópicas, os óculos de realidade virtual e outros equipamentos vão "descansar e ganhar força" para estarem sempre prontos para novas batalhas de corrida.
- **Zona administrativa:** Este espaço serve de centro de controlo da atração. A partir daqui, o operador monitoriza as corridas virtuais, presta assistência aos jogadores e gere todo o sistema, garantindo uma experiência agradável e sem sobressaltos.
- **Zona de espera e de repouso:** Esta zona proporciona um espaço confortável para os visitantes relaxarem, partilharem as suas experiências e aguardarem ansiosamente a sua vez na atração.

No total, recomenda-se uma área mínima de 400 m2 para acomodar confortavelmente o Kart VR Evolution.

Pormenores importantes:
Para além da área geral, há vários factores cruciais que contribuem para uma experiência bem sucedida e agradável:

- **Revestimento do piso:** O pavimento da área de jogo deve ser nivelado, liso e antiderrapante para garantir a circulação segura e confortável dos karts.
- **Iluminação:** A zona requer uma iluminação artificial adequada e uniforme, minimizando o encandeamento e evitando a luz solar direta para garantir uma visibilidade e imersão ideais para os

jogadores.

- **Alimentação eléctrica:** Uma fonte de alimentação estável de 220 volts com capacidade suficiente é essencial para o funcionamento ininterrupto da atração, evitando interrupções e garantindo uma experiência perfeita.

O Kart VR Evolution não se trata apenas de ultrapassar os limites da velocidade e da tecnologia; trata-se, acima de tudo, de dar prioridade à segurança e ao conforto dos nossos jogadores. Estamos empenhados em garantir que as corridas virtuais não são apenas emocionantes, mas também conduzidas num ambiente seguro e controlado.

1.2. Cumprir as regras

Antes de pegar no volante de um kart virtual, todos os jogadores passam por um briefing obrigatório, onde lhes são apresentadas as regras de segurança e as orientações para a utilização da atração. Afinal, mesmo no mundo virtual, é fundamental respeitar certas normas e limitações.

Eis algumas regras fundamentais para o ajudar a tirar o máximo partido da sua experiência Kart VR Evolution sem quaisquer riscos:

- **Restrições de idade:** Preocupamo-nos com o bem-estar dos nossos jovens pilotos, pelo que a utilização do Kart VR Evolution só é permitida de acordo com as restrições de idade estabelecidas pelos fabricantes dos auscultadores VR utilizados.
- **Equipamento de proteção:** Capacetes, joelheiras e cotoveleiras são os teus fiéis companheiros no mundo das corridas virtuais. Ajudam a evitar lesões em caso de colisões ou quedas inesperadas.
- **Restrições de saúde:** Infelizmente, a realidade virtual não é acessível a toda a gente. Se tiver problemas de saúde, como epilepsia, doenças cardiovasculares ou problemas no sistema vestibular, é melhor não jogar Kart VR Evolution. A atração também não se destina a mulheres grávidas ou a pessoas com peso superior a 120 kg ou altura superior a 200 cm.
- **Operador atento:** A segurança e o conforto dos jogadores são monitorizados por um operador experiente, sempre pronto a ajudar e a responder a quaisquer perguntas.

1.3. Síntese da física e da virtualidade

O karting VR é uma atração em que a física está indissociavelmente ligada à virtualidade. No seu núcleo estão as trotinetes de equilíbrio automático Ninebot S Pro, transformadas em karts controláveis através de uma série de modificações especiais. É importante notar que diferentes versões da atração podem utilizar outros modelos de scooters que satisfaçam os requisitos de fiabilidade e desempenho.

Então, quais são as modificações que transformam uma vulgar scooter de equilíbrio automático num kart de corrida Kart VR Evolution?

- **Suportes adicionais:** Adicionámos suportes especiais à estrutura do Ninebot S Pro para instalar a unidade de sistema, o sistema acústico e uma bateria de maior capacidade, criando um design ergonómico que faz lembrar um verdadeiro kart de corrida. Um assento com apoio lateral assegura uma posição de assento confortável e estável para que o jogador se sinta confiante mesmo durante manobras bruscas.
- **Maior resistência:** A segurança dos jogadores é fundamental para o Kart VR Evolution. É por isso que reforçámos a estrutura padrão da scooter para suportar as elevadas cargas e acelerações que são inevitáveis durante as emocionantes corridas virtuais. Ao fazê-lo, utilizamos apenas materiais de alta resistência que garantem fiabilidade, elevada capacidade de manobra da atração e segurança estrutural.
- **Regulação do comprimento:** O assento é facilmente regulável em comprimento, adaptando-se a alturas até dois metros, para proporcionar o máximo conforto e controlo sobre o kart.
- **Sistema de controlo:** Um sistema de controlo especial está ligado ao volante do kart, que transmite dados de movimento ao sistema de RV em tempo real, criando a sensação de conduzir um kart real.

Caraterística	**Valor**
Velocidade	Até 20 km/h
Gama	Até 30 km
Peso máximo do utilizador	Até 120 kg
Bateria	Baterias de iões de lítio de alta capacidade
Caraterísticas adicionais	Sensores incorporados para controlo da estabilidade e do movimento

Ao escolher um modelo de scooter de auto-equilíbrio para o Kart VR Evolution, fui guiado por vários critérios importantes: fiabilidade, manobrabilidade, potência, bem como disponibilidade e custo. Depois de analisar o mercado, optámos pela Ninebot S Pro da Segway-Ninebot.

O Ninebot S Pro destaca-se pela sua elevada qualidade de construção e utilização de materiais duráveis, garantindo a sua fiabilidade e longevidade. Oferece uma excelente manobrabilidade e uma condução suave graças aos potentes motores eléctricos e a um sistema de equilíbrio inteligente. A velocidade máxima de 20 km/h é ideal para o karting, permitindo aos jogadores experimentar a velocidade e a emoção das corridas sem criar riscos de segurança no espaço limitado da atração. Uma autonomia de até 30 km com um único carregamento garante sessões de jogo longas e envolventes.

O Ninebot S Pro representa uma combinação óptima de qualidade, fiabilidade, desempenho e custo, tornando-o a base ideal para a nossa atração.

1.4. Equipamento de RV: Imersão no mundo virtual

O Kart VR Evolution utiliza as tecnologias de RV mais avançadas para criar a experiência mais realista e envolvente possível.

Fones de ouvido VR: Nas primeiras versões da atração, contávamos com os Oculus Quest - auscultadores de realidade virtual autónomos do Facebook, conhecidos pela sua elevada qualidade de imagem e facilidade de utilização. No entanto, o Kart VR Evolution é uma plataforma flexível e, desde então, adquirimos modelos de auscultadores VR mais avançados, como o Pimax 8K+. Os auscultadores de RV Pimax 8K+ funcionam como um portal para um mundo de corridas virtuais dinâmico, transformando um espaço normal numa pista realista.

Especificações do Pimax 8K+:

Caraterística	Valor
Resolução	8K+ (5120 x 2720 píxeis por olho)
Campo de visão	200°
Áudio	Altifalantes incorporados com áudio espacial
Rastreio	Sensores incorporados para um seguimento preciso da cabeça

Os auscultadores de realidade virtual Pimax 8K+ representam o auge da tecnologia de RV moderna. A sua resolução ultra-alta de 8K+, que ultrapassa a maioria dos equivalentes no mercado, proporciona uma nitidez e um detalhe de imagem impressionantes. Isto permite-lhe discernir até os mais pequenos detalhes no ambiente virtual: as texturas dos materiais parecem incrivelmente realistas e o "efeito de porta de ecrã" é praticamente impercetível.

O amplo campo de visão de 200° garante uma imersão total, criando um efeito de visão panorâmica. Não sentirá os limites do ecrã - a realidade virtual irá rodeá-lo de todos os lados. Os altifalantes incorporados com áudio espacial aumentam a sensação de presença, permitindo-lhe não só ver, mas também ouvir o mundo do Kart VR Evolution como se estivesse realmente lá. O Pimax 8K+ também possui baixa latência, garantindo imagens suaves e minimizando o risco de desconforto e tonturas durante o jogo.

Sistema de controlo externo: Para garantir que os movimentos do seu kart virtual reproduzem com precisão as suas acções no mundo real, desenvolvemos um sistema de seguimento externo único. Este sistema é altamente preciso e estável, permitindo-lhe mergulhar totalmente na corrida sem se distrair com limitações técnicas.

Parâmetro	Descrição
Modelo	Utiliza um sistema de rastreio externo patenteado baseado no rastreio de movimentos tecnologias que utilizam sensores e câmaras.
Fabricante	Desenvolvido internamente no âmbito do projeto.
Vantagens	Elevada precisão de seguimento, capacidade de seguir o movimento do jogador e do kart, baixa latência.
Desvantagens	Complexidade na configuração e calibração, pode ser sensível a factores externos como a iluminação e as interferências.
Descrição e análise	O sistema de controlo externo é a ligação crucial entre os mundos real e virtual no Kart VR Evolution. Acompanha com precisão os movimentos do kart e do jogador em tempo real, criando uma experiência verdadeiramente envolvente. Este elevado nível de precisão garante que as acções físicas se traduzem perfeitamente no ambiente virtual, tornando o jogo incrivelmente realista e envolvente. Além disso, a elevada taxa de atualização de dados do sistema

Parâmetro	Descrição
	garante movimentos suaves e uma latência mínima - um fator crítico para proporcionar uma experiência de corrida ágil e emocionante.

Para além do nosso sistema proprietário, também utilizamos o comprovado sistema de seguimento externo HTC VIVE, conhecido pela sua elevada precisão e estabilidade. Este sistema assegura o seguimento preciso dos movimentos do utilizador, o que é especialmente crucial em aplicações dinâmicas e exigentes como o karting de realidade virtual. O sistema HTC VIVE oferece uma vasta gama de opções de personalização e escalabilidade, tornando-o ideal para diversos projectos de RV.

Servidor: Um servidor potente e fiável constitui o coração da atração, responsável pelo funcionamento suave e ininterrupto de todo o sistema.

Parâmetro	**Descrição**
Modelo	Servidor servidor utilizando componentes de principais fabricantes mundiais, como a Intel, a Nvidia e a Samsung.
Vantagens	Elevado desempenho, estabilidade, capacidade de processar dados de vários intervenientes simultaneamente, armazenamento de dados de jogos e capacidades analíticas.
Desvantagens	Custo elevado, requer condições de funcionamento específicas (ventilação, alimentação eléctrica), proteção contra interferências).
Descrição e análise	O servidor processa todos os dados dos sensores do kart, dos auscultadores de realidade virtual e do sistema de controlo da atração. Sincroniza os movimentos dos jogadores em tempo real com as suas acções no mundo virtual, assegura gráficos suaves e realistas e suporta a interação em rede entre os pilotos. Também armazena informações do utilizador, conquistas e resultados de corridas, permitindo o acompanhamento do progresso e as classificações dos jogadores.

O ambiente de jogo é construído utilizando o Unreal Engine, um motor de jogo poderoso e profissional que nos permite criar gráficos de alta qualidade, física realista e mecânicas de jogo sofisticadas. O Unreal Engine é amplamente utilizado na indústria dos jogos para o desenvolvimento de títulos AAA e é conhecido pela sua flexibilidade, capacidades alargadas e elevado desempenho.

1.3. Cuidar da saúde e da segurança

Embora nos esforcemos por criar experiências de corrida virtuais emocionantes, a saúde e a segurança de cada jogador são as nossas principais prioridades. Compreendemos que cada pessoa é diferente e reage à realidade virtual à sua maneira. Por isso, recomendamos vivamente que ouças o teu corpo e faças pausas a cada 30 minutos ou mais frequentemente, se necessário. O Kart VR Evolution oferece uma área de descanso confortável onde pode fazer uma pausa das corridas virtuais e recuperar as suas forças.

Importante! A utilização da atração VR tem certas limitações. O karting virtual não é recomendado para pessoas com:

- Epilepsia
- Doenças cardiovasculares
- Problemas no sistema vestibular
- Outras condições médicas graves A atração também não se destina a:

- Mulheres grávidas
- Pessoas com peso superior a 120 kg
- Pessoas com mais de 200 cm de altura

As crianças só podem utilizar a atração de acordo com as restrições de idade estabelecidas pelos fabricantes dos auscultadores de RV utilizados.

Capítulo 2. Dos primeiros passos a uma solução proprietária

Desde o início, compreendemos que criar um karting virtual não era tarefa fácil. Combinar as sensações físicas de conduzir um kart com a imersão completa da realidade virtual foi um desafio que exigiu um planeamento cuidadoso e a seleção das tecnologias mais avançadas disponíveis.

2.1. Montar o puzzle High-Tech

A criação do Kart VR foi semelhante à montagem de um puzzle tecnológico complexo. Cada atração é o resultado da integração de componentes de vários fabricantes, cuidadosamente selecionados para obter o efeito mais imersivo possível.

Então, em que consiste o Kart VR Evolution?

Em primeiro lugar, inclui quatro conjuntos de equipamento idênticos - as "unidades de combate" do nosso campeonato virtual, cada uma delas composta por:

Kart: O meio de transporte: Consoante a versão da atração e o contrato de fornecimento específico, pode tratar-se de uma scooter auto-equilibrada de um determinado modelo equipada com um hoverkart - um acessório especial que a transforma num kart.

Auricular de Realidade Virtual (RV): Proporciona a experiência visual e sonora imersiva do mundo das corridas virtuais.

Equipamento adicional: Para conforto e segurança dos jogadores, cada conjunto inclui um capacete, equipamento de proteção (joelheiras, cotoveleiras), um sistema de localização externo (que também serve como bateria adicional para os auscultadores de realidade virtual) e outros acessórios necessários.

No centro de todo o sistema encontra-se um servidor potente, responsável por:

Armazenamento, sincronização e execução de jogos: Permite que os quatro jogadores habitem simultaneamente o mundo virtual e interajam entre si.

Manutenção e diagnóstico da atração: Permite-nos identificar e resolver rapidamente quaisquer problemas, assegurando um funcionamento sem problemas e sem interrupções.

O servidor inclui os seguintes componentes: Componente detalhes

ProcessadorAMD Ryzen 5 3600X OEM (100-000000022)

Arrefecedor de CPUArrefecedor de PC GI-X5R

Placa-mãe ASRock B450M STEEL LEGEND

RAM DDR4 G.SKILL AEGIS 2x8 GB 3200MHz (F4-3200C16D-16GIS)

Placa gráfica GIGABYTE (GV-N207SGAMING OC-8GD) GeForce RTX 2070 SUPER 1815MHz PCI-E 3.0 8192MB 14000MHz 256 bit 3xDisplayPort HDMI HDCP GAMING OC X3

SSDADATA M.2 2280 512GB XPG GAMMIX S5 AGAMMIXS5-512GT-C

Fonte de alimentação zalman 600W ZM600-LX I Caixa1° JOGADOR FIREBASEX2

Sistema operativoWINDOWS 10 Professional 64bit DVD (FQC-08909-L) oem

Router XIAOMI Mi WiFi Router 4A Gigabit

Teclado e rato LOGITECH MK220, USB

Tablet SAMSUNG Galaxy Tab A 10.1 (2019) SM-T515N, 2 GB, 32 GB, 3G, 4G, Android 9.0 [sm-t515nzddser]

Estação de baseSteamVR 2.0 (99-H12170-00) RastreadorHTC VIVE 2.0 (99HANLO10-00)

Controladorcontrolador para VIVE Pro 2.0

Unidade de sistema (PC de mochila) Zotac ZBOX-VR7N73 ZOTAC VR GO 3.0 Backpack I7-9750H, Geforce RTX2070, SSD 240G, 16GB DDR4, Windows 10 PRO N 64-bit, Wi-Fi, BT, GB-Lan, 2x HDMI, DP, base de carregamento, 2x bateria, EU+UK PLUG

A montagem do kart a partir destes componentes de alta tecnologia foi apenas o primeiro passo para criar a atração final. Tivemos ainda de efetuar numerosos testes, configurar o software, garantir a segurança e o conforto dos jogadores e considerar todas as nuances operacionais.

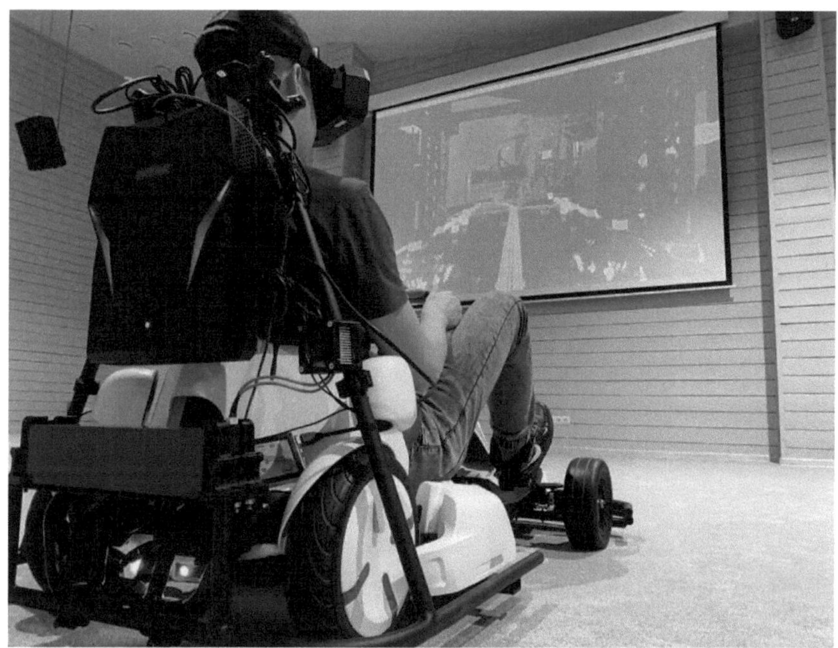

Um aspeto crucial foi assegurar a autonomia operacional do Kart VR. Esforçámo-nos por permitir que a atração funcionasse durante o máximo de tempo possível sem interrupções para recarregar. Em última análise, conseguimos um tempo de funcionamento de cerca de três horas com um único carregamento, permitindo várias sessões de corridas emocionantes em simultâneo. Uma recarga completa de todos os componentes demora cerca de duas horas.

Para aqueles que desejam garantir o máximo de tempo de atividade sem quaisquer pausas, oferecemos a opção de adquirir scooters e baterias auto-equilibrantes adicionais. Isto permite a troca rápida de componentes esgotados por outros carregados, assegurando uma ação de corrida contínua sem tempo de paragem.

2.2. O desafio inesperado: sensores de rastreio do HTC Vive e a procura de uma alternativa

Parecia que nada podia correr mal. Todos os componentes foram cuidadosamente escolhidos, o equipamento foi montado e o software estava pronto a funcionar. Mas a realidade, como muitas vezes acontece, tinha outros planos. Logo nos primeiros testes, deparámo-nos com um problema que ameaçava fazer descarrilar todo o projeto.

Os sensores de localização do HTC Vive, responsáveis pela localização da posição dos karts no espaço, começaram a funcionar mal. Perdiam periodicamente a ligação com as estações de base e transmitiam dados de localização incorrectos, levando a um comportamento imprevisível dos karts virtuais. Em vez de deslizarem suavemente ao longo da pista virtual, os karts "teletransportavam-se", mudando subitamente de posição, chegando mesmo a "embater" em paredes invisíveis. Isto representava um verdadeiro risco de segurança para os jogadores: um kart, fisicamente localizado no centro da arena, podia subitamente encontrar-se perigosamente perto de uma parede ou mesmo colidir com outro kart no mundo virtual.

O mau funcionamento dos sensores também causou falhas no software. O sistema deixou de processar os dados corretamente e não foi possível continuar a configuração e a depuração. Tivemos de fazer uma escolha difícil. Podíamos aceitar as limitações impostas pelos sensores instáveis, criando uma versão simplificada da atração com pistas pequenas e velocidades baixas para minimizar o risco de colisões, ou podíamos encontrar outra solução. Mas isso seria uma traição à nossa ideia - abandonar a liberdade sem limites e a experiência emocionante que queríamos oferecer aos nossos jogadores.

A solução não surgiu de imediato. Passámos inúmeras horas a discutir a situação. A tensão aumentou; as pessoas esperavam resultados e encontrámo-nos num impasse. Mas é nestes momentos que surgem as soluções mais ousadas e inesperadas. Em vez de tentarmos "domar" os sensores caprichosos, decidimos criar a nossa própria solução: desenvolver um algoritmo único para o movimento do kart que não dependesse do localizador do HTC Vive.

Desafiámo-nos a nós próprios e a todos os que diziam que não podia ser feito. Os nossos engenheiros e programadores puseram mãos à obra com entusiasmo. Esta era uma tarefa que exigia não só um conhecimento profundo de programação e robótica, mas também uma abordagem criativa, uma vontade de experimentar e a coragem de abrir novos caminhos.

Naturalmente, o desenvolvimento de um algoritmo único exigiu um investimento adicional. Para garantir que o novo sistema funcionasse sem falhas, precisámos de aumentar a capacidade de computação do servidor. Tomámos a decisão de investir em equipamento mais potente, entendendo que era um passo necessário para criar uma atração de RV verdadeiramente revolucionária.

2.3. Lições em perseverança

A saga do sensor de localização do HTC Vive ensinou-nos uma lição valiosa. Ensinou-nos a não ter medo das dificuldades, a ser flexíveis, a procurar soluções não convencionais e a acreditar sempre no nosso sonho. O desenvolvimento do Kart VR tornou-se mais do que um mero projeto; tornou-se uma verdadeira aventura em que testámos a nossa força, demonstrámos desenvoltura e provámos que nada é impossível quando uma equipa de indivíduos com a mesma opinião, unidos por um objetivo comum, se concentra nele.

BLUEPRINT

Capítulo 3. Ultrapassar a realidade - novas dimensões da experiência de corrida

O VR Karting é uma atração e uma nova dimensão de entretenimento em que as linhas entre o virtual e o real se esbatem, tornando as sensações de corrida emocionantes acessíveis a todos. Este projeto desafia as noções convencionais de corrida, combinando os melhores aspectos dos mundos real e virtual.

Imagine: está ao volante de um kart de corrida, sentindo a vibração do motor, a aceleração que o empurra para o seu lugar, o puxão brusco do volante quando entra numa curva... No karting virtual, estas sensações não são apenas simuladas, são absolutamente reais! Não está apenas a carregar no pedal do acelerador; sente fisicamente o movimento do kart e o fluxo de ar que se aproxima a responder instantaneamente às suas acções. Os auscultadores VR de alta resolução permitem-lhe ver cada fenda no asfalto, cada brilho nos detalhes cromados dos carros de corrida.

O que distingue esta atração dos simuladores de corridas em computador, mesmo os que utilizam auscultadores VR? Em primeiro lugar, é a profundidade da imersão conseguida através da sincronização das sensações físicas e da realidade virtual:

- **Movimento dinâmico:** Não está apenas a carregar nos pedais e a rodar um volante virtual - está verdadeiramente sentado num kart que responde dinamicamente às suas acções. O movimento físico na pista combinado com um mundo virtual realista cria uma sensação inigualável de estar numa pista de corridas.
- **Banquete visual:** Os auscultadores Pimax 8K+ VR com resolução ultra-alta de 8K+ e uma vista panorâmica de 200° não se limitam a mostrar um mundo virtual - mergulham-no nele. Vai reparar nos mais pequenos detalhes do ambiente: a textura do asfalto, a luz do sol a brilhar nos carros de corrida dos adversários, até o pó que se levanta das rodas.
- **Sons de velocidade:** os altifalantes incorporados com som espacial aumentam a sensação de presença, transmitindo com precisão todas as nuances da paisagem sonora da corrida: o rugido dos motores, o guincho dos travões, o zumbido dos pneus no asfalto, o ruído das bancadas.

O karting virtual não é apenas um jogo; é uma experiência sensorial completa que lhe permite não só ver a corrida, mas senti-la com todas as fibras do seu corpo.

O nosso karting é simultaneamente um entretenimento emocionante e uma oportunidade para aperfeiçoar as suas capacidades de condução, preparar-se para corridas reais ou simplesmente compreender melhor as nuances do controlo do kart. O sistema de treino integrado oferece uma variedade de exercícios e tarefas que o ajudarão a tornar-se um piloto mais experiente.

O que é que se pode aprender no mundo das corridas virtuais?

- **Curvas corretas:** A atração analisa a sua velocidade, trajetória, ângulo de direção e fornece instantaneamente recomendações para melhorar a sua técnica. O sistema indica-lhe quando deve começar a travar, como escolher a trajetória correta e como sair da curva da forma mais eficaz, mantendo a velocidade.

- **Travagem e aceleração óptimas**: Domine a arte da travagem suave e precisa para reduzir os tempos por volta e evitar erros. Aprenda a tirar o máximo partido da aceleração em secções rectas para ultrapassar os seus concorrentes.
- **Desenvolver a sua própria estratégia de corrida**: O karting virtual permite-lhe experimentar diferentes estilos de condução e tácticas de pista. Experimenta várias abordagens, analisa os teus resultados e descobre o teu estilo único que te levará à vitória!

A tecnologia de treino de karting actua como o seu instrutor virtual pessoal, ajudando-o a tornar-se o melhor piloto. O sistema fornece feedback sobre as suas acções, analisa os erros e ajuda a corrigi-los, tornando a aprendizagem eficaz e agradável.

Um olhar sobre o futuro:

O karting virtual não é apenas uma diversão passageira; é uma plataforma para o futuro. O seu potencial vai muito para além das corridas. No próximo capítulo, iremos explorar a forma como o Kart VR Evolution pode remodelar o mundo das corridas e do entretenimento.

Capítulo 4. Pistas virtuais e modos de jogo

O Kart VR Evolution é uma atração incrivelmente realista e um jogo emocionante que abre um mundo ilimitado de corridas virtuais. Aqui, encontrarás pistas para todos os gostos, testarás as tuas capacidades em vários modos de jogo e desafiarás os teus amigos para competições emocionantes.

4.1. Um mundo de corridas sem fronteiras: Pistas de karting virtuais

Esquece as limitações das pistas de corridas do mundo real! Na realidade virtual, espera-te todo um universo de circuitos de corridas, onde o único limite à tua velocidade é a tua imaginação! Corre através de megacidades futuristas, sobrevoa desfiladeiros, desafia a gravidade em loops e saca-rolhas - tudo é possível no mundo virtual! Não há curvas perigosas, tempo imprevisível ou regras rígidas, apenas pura emoção e a adrenalina da velocidade.

No modo "Corrida", por exemplo, parte-se de linhas de partida virtuais. Na realidade, não existem marcações no espaço físico, o que permite uma utilização mais eficiente da área.

No entanto, se desejar, o operador da atração pode acrescentar marcações no chão para ajudar os jogadores a orientarem-se antes do início. Ofereço pistas de vários tipos, cada uma com desafios únicos e experiências inesquecíveis:

Pista	Descrição
Pista curta	Perfeito para principiantes e para quem procura um mergulho rápido no mundo das corridas virtuais. Esta pista tem um traçado simples, curvas suaves e não tem secções difíceis. Passa por uma cidade futurista vibrante e dinâmica, com arranha-céus iluminados a néon e carros voadores a zunir por cima.
Pista média	Pronto para um desafio mais sério? Esta pista espera por si com curvas apertadas, mudanças de elevação acentuadas e outros elementos que irão testar as suas capacidades de condução e tempo de reação. A pista faz curvas e contracurvas ao longo de uma passagem de montanha sinuosa, com vistas deslumbrantes sobre os picos circundantes e abismos profundos. Tem cuidado nas secções sinuosas: um movimento errado e podes "voar para fora" da pista!
Pista longa	Esta pista é um verdadeiro desafio para os pilotos experientes! Combina todos os elementos das pistas anteriores, mas num formato muito mais complexo e imprevisível. Vais correr por cidades futuristas, estradas de montanha e túneis subterrâneos, ultrapassando obstáculos e competindo contra os adversários virtuais mais fortes.

E isso não é tudo! O mundo virtual está em constante expansão: novas pistas com curvas emocionantes e obstáculos inesperados esperam por ti.

4.2. Modos de jogo: Escolhe o teu estilo

Kart VR Evolution não se trata apenas de corridas; trata-se de escolher o teu próprio estilo de jogo.

Quer queiras testar os teus limites e estabelecer um novo recorde, quer queiras a emoção da competição e sonhes em cruzar a linha de chegada em primeiro lugar, esta plataforma tem um modo de jogo para todos!

- **Provas de tempo:** Aqui, o teu principal adversário é o relógio. Escolhe a tua pista, concentra-te e tenta bater o recorde de voltas! Este modo é ideal para aqueles que se esforçam por melhorar e que gostam de se desafiar.

- **Corrida contra adversários:** Pronto para a verdadeira emoção da competição? Neste modo, podes lutar contra amigos ou pilotos virtuais controlados por IA. O vencedor é o primeiro a cruzar a linha de chegada, ultrapassando todos os obstáculos e deixando a concorrência na poeira!

- **Corridas de equipa:** Este modo realça não só a habilidade individual, mas também o trabalho de equipa. Junte-se a amigos, desenvolva uma estratégia comum, coordene as suas acções na pista e lutem juntos pela vitória!

- **Corridas de combate:** Isto é mais do que uma simples corrida; é ação total! No modo "Combat Racing", terás de demonstrar a tua precisão e tempo de reação, desviando-te do fogo inimigo e atingindo-o com a máxima precisão. A ação decorre nas ruas virtuais de uma cidade em ruínas, onde o perigo espreita a cada esquina.

4.3. Um recreio virtual para competências reais

O mundo das corridas virtuais não é apenas uma questão de entretenimento, mas também a oportunidade de aperfeiçoar as suas capacidades de condução num ambiente completamente seguro.

Graças à física realista do controlo e do comportamento do kart no ambiente virtual, pode desenvolver qualidades essenciais para qualquer piloto:

- **Tempo de reação melhorado:** Terás de reagir instantaneamente às situações em mudança na pista, desviando-te de obstáculos, acelerando e ultrapassando adversários. Isto ajuda a aguçar os teus reflexos e ensina-te a tomar decisões rápidas em qualquer situação - tanto virtual como real.
- **Melhoria da coordenação:** O controlo de um kart requer um trabalho coordenado de todo o corpo. É necessário dirigir, acionar os pedais e monitorizar a pista em simultâneo, sincronizando as suas acções com os movimentos do seu avatar virtual. A prática regular ajuda a desenvolver a coordenação e a destreza; capacidades que, sem dúvida, serão úteis ao volante de um carro real.
- **Melhor perceção da velocidade e da distância:** O Kart VR Evolution permite-te experimentar a velocidade real sem te colocares em risco. No ambiente virtual, aprenderá a avaliar melhor as distâncias, a antecipar o comportamento dos outros pilotos e a sentir-se mais confiante a alta velocidade.

4.4. Raças que se unem

Uma visita à arena de karting virtual é uma oportunidade fantástica para passar tempo com os amigos, partilhar a emoção das corridas e simplesmente divertir-se!

- **Competições com amigos:** Organizem um verdadeiro torneio entre vocês e vejam quem será o campeão! Escolham entre uma variedade de pistas e modos de jogo, desafiem-se a vocês próprios e uns aos outros e recebam um impulso de energia positiva da competição!
- **Espírito de equipa:** Junte forças em equipas para competir contra outras em emocionantes corridas virtuais! Assistência mútua, acções coordenadas e uma estratégia partilhada são as chaves para o seu sucesso triunfante!
- **Novos conhecidos:** O karting virtual é um excelente local para conhecer novas pessoas que partilham a sua paixão pelas corridas e pela realidade virtual. Converse, partilhe as suas experiências, crie as suas próprias equipas e conquiste as pistas virtuais em conjunto!

Capítulo 5: Estratégias de sucesso e perspectivas de negócio

A arena de karting VR é uma atração extremamente excitante capaz de proporcionar emoções vivas e inesquecíveis, bem como um projeto empresarial promissor com um enorme potencial de desenvolvimento e rentabilização.

5.1. Vantagens competitivas

No mundo da RV, existem muitas atracções diversas que oferecem uma experiência imersiva única em realidade virtual. Eis alguns tipos populares de atracções de RV:

1. Simuladores de voo VR: Permitem aos utilizadores experimentar a sensação de pilotar um avião ou uma nave espacial.
2. Montanhas-russas em RV: Combine o movimento físico da cadeira com imagens virtuais para criar sensações emocionantes.
3. Galerias de tiro em RV: Oferecer uma experiência de tiro num mundo virtual utilizando controladores que imitam armas.
4. Missões e salas de fuga em RV: Os jogadores resolvem puzzles e completam tarefas no espaço virtual.
5. Arenas de RV para jogos multijogadores: Grandes espaços onde vários jogadores podem interagir num mundo virtual.
6. Cinemas de realidade virtual: Oferecem experiências de visionamento de filmes totalmente imersivas.
7. Simuladores de desportos radicais em RV: Permitem aos utilizadores experimentar sensações de snowboard, surf, escalada, etc.
8. Viagens em RV: Proporcionar oportunidades para "visitar" cidades famosas, países, pontos de referência e locais exóticos.
9. Atracções educativas em RV: Oferecer aulas interactivas de história, ciência ou arte.
10. Simuladores de condução em RV: Permitem a prática de competências de condução num ambiente virtual seguro.
11. O karting virtual ocupa, de facto, um nicho único, uma vez que combina a experiência física de conduzir um kart real com a imersão visual e sonora em realidade virtual. Isto cria uma sensação mais profunda e mais realista do que os simuladores puramente virtuais, ao mesmo tempo que proporciona maior variabilidade e segurança do que o karting tradicional.

12. Esta combinação de experiência física e virtual abre novas possibilidades de entretenimento e formação. Permite a criação de diversas pistas e cenários virtuais indisponíveis no mundo real, mantendo ao mesmo tempo as sensações tácteis da condução de um kart real. Esta é uma oferta única

no mercado do entretenimento que pode atrair tanto os entusiastas do karting tradicional como os entusiastas da realidade virtual.

Eis as principais vantagens que tornam este projeto tão atrativo:

- **Imersão total:** A resolução ultra-alta e o amplo campo de visão dos auscultadores Pimax 8K+ VR, combinados com a dinâmica dos karts em movimento, esbatem a linha entre o virtual e o real. O jogador não se limita a ver a corrida; torna-se um participante ativo, sentindo a vibração do motor, a aceleração, o cheiro a borracha queimada e o rugido da multidão.

- **Segurança:** No mundo virtual, a emoção das corridas não implica qualquer risco para a saúde. Um sistema inteligente de prevenção de colisões garante que não colide com outro kart ou embate numa barreira, mesmo que se esqueça de travar no calor da competição.

- **Acessibilidade:** O karting virtual não necessita de uma pista grande e aberta. A atração pode ser instalada numa sala especialmente equipada, o que a torna ideal para centros comerciais, complexos de entretenimento e outros locais fechados.

- **Flexibilidade e variedade:** O projeto não se limita a uma única pista e a um único tipo de veículo. No mundo virtual, é possível criar pistas de corrida para todos os gostos, desde megacidades futuristas a passagens sinuosas nas montanhas. Os jogadores podem correr em karts clássicos, motas flutuantes ou mesmo em máquinas fantásticas do futuro.

- **Respeito pelo ambiente:** O karting virtual é uma atração amiga do ambiente. Utiliza karts eléctricos que não produzem emissões nocivas.

- **Aspeto social:** Não se trata apenas de entretenimento individual, mas também de uma oportunidade para partilhar experiências inesquecíveis com os amigos. Podem correr juntos, competir pelo melhor tempo ou juntar forças em equipas.

- **Potencial de desenvolvimento:** O Kart VR Evolution é uma plataforma para o futuro. Estamos constantemente a trabalhar para a tornar ainda mais realista e envolvente, integrando novas tecnologias de RV e criando novas oportunidades de jogo.

-

5.2 Um olhar para o futuro

O Kart VR Evolution é um produto totalmente realizado e uma plataforma que continuará a evoluir e a melhorar. Vemos um enorme potencial nesta tecnologia e acreditamos firmemente que tem o poder de revolucionar os mundos das corridas e do entretenimento.

Eis os nossos planos para o futuro:

- **Novas pistas:** Vamos criar novas pistas, ainda mais realistas e emocionantes, que transportam os jogadores para mundos virtuais incríveis.

- **Novos modos de jogo:** Iremos desenvolver novos modos de jogo, acrescentando novas funcionalidades e desafios à experiência do karting virtual.

- **Novas tecnologias:** Integraremos tecnologias de ponta, como o feedback háptico, para melhorar ainda mais a sensação de presença no mundo virtual.

- **Desportos electrónicos:** Tencionamos transformar o karting virtual numa disciplina de desportos electrónicos de pleno direito, organizando torneios e campeonatos para jogadores de todo o mundo.

- **Ferramenta de treino profissional:** Vemos o potencial do Kart VR Evolution como uma ferramenta de treino para pilotos profissionais, permitindo-lhes aperfeiçoar as suas capacidades num ambiente seguro e controlado.

5.3. Do princípio ao fim - Perspectivas de negócio

A singularidade e o apelo do projeto Kart VR Evolution abrem um vasto leque de oportunidades de monetização. Eis algumas delas:

- **Venda de bilhetes:** O principal fluxo de receitas será a venda de bilhetes para as sessões de jogo. Um sistema de preços flexível permitir-nos-á atender a diferentes segmentos de clientes.

- **Aluguer para eventos:** A atração pode ser alugada para vários eventos, desde festas de empresas a aniversários de crianças. Desenvolvemos pacotes de serviços especiais para clientes corporativos.

- **Franchising:** Planeamos criar um franchising que nos permitirá expandir o Kart VR Evolution a nível global. Os franchisados terão acesso à nossa tecnologia, software e apoio abrangente em todas as fases do desenvolvimento do negócio.

- **Publicidade e patrocínios:** O Kart VR Evolution é uma excelente plataforma para publicidade. Podemos colocar faixas publicitárias nas pistas virtuais, marcar os karts e oferecer pacotes de patrocínio para torneios e campeonatos.

Escolher o local certo para as corridas virtuais

O sucesso de qualquer atração de RV depende em grande parte da escolha do local certo. É crucial ter em conta vários factores: tráfego pedonal, público-alvo, concorrência, custos de aluguer e muito mais.

Devido à sua mobilidade e versatilidade, o Kart VR é adequado para vários locais. Eis algumas opções prometedoras:

- **Centros comerciais e de entretenimento:** os centros comerciais atraem um vasto leque de visitantes, desde famílias com crianças a adolescentes e adultos. O elevado tráfego pedonal e as infra-estruturas de entretenimento existentes fazem deles o local ideal para as atracções de RV. No entanto, é importante ter em conta a elevada concorrência e os custos de aluguer em centros comerciais populares.

- **Complexos de entretenimento:** Os cinemas, as pistas de bowling e os centros de jogos para crianças já atraem pessoas que procuram entretenimento. A colocação do Kart VR Evolution nesses complexos alarga as opções de entretenimento e atrai um novo público.

- **Parques de diversões e parques aquáticos:** O Kart VR Evolution seria uma adição vibrante às atracções existentes, apelando aos amantes da emoção e das novas tecnologias.

- **Hotéis e estâncias turísticas:** Uma atração de RV pode ser uma excelente opção de entretenimento para os hóspedes, oferecendo uma alternativa às actividades de lazer tradicionais. Isto é especialmente relevante para hotéis em locais com condições climatéricas imprevisíveis.

- **Eventos empresariais:** O Kart VR Evolution pode ser alugado para eventos de formação de equipas, festas de empresas, apresentações e outras reuniões. É uma forma fantástica de surpreender os colaboradores e parceiros, ao mesmo tempo que cria um ambiente informal para networking.

Ao escolher um local para o Kart VR Evolution, é essencial ter em conta o seguinte:

- **Público-alvo:** Quem são os seus potenciais clientes? Onde é que eles passam o seu tempo livre?

- **Concorrência:** Existem outras atracções de RV ou opções de entretenimento na zona que possam constituir concorrência?

- **Custos de aluguer e outras despesas:** Assegure-se de que consegue recuperar o seu investimento e gerar lucro.

- **Viabilidade técnica:** Existe espaço suficiente no local para a área de jogo, a zona de carregamento e outras zonas necessárias? Existe uma fonte de alimentação e uma ligação à Internet estáveis?

Uma localização bem escolhida é crucial para o sucesso de qualquer atração de RV. Analise cuidadosamente todos os factores e tome uma decisão informada para garantir que o seu empreendimento Kart VR se torna um negócio popular e lucrativo!

O karting RV é mais do que uma simples atração; é um vislumbre do futuro do entretenimento. Estamos confiantes de que está destinado ao sucesso e que se tornará uma das atracções virtuais mais populares do mundo.

Capítulo 6: Estratégia de marketing e posicionamento

Criámos uma atração de RV capaz de cativar os corações de milhões de pessoas. Mas cada viagem até ao topo começa com um único passo. Como é que nos certificamos de que o mundo inteiro conhece o nosso projeto?

6.1 Público-alvo: Quem deseja a velocidade virtual do ?

O Kart VR apela a um vasto público unido pela paixão pelas corridas, novas tecnologias e experiências emocionantes.

- Jogadores: Sempre à procura do próximo nível de experiência de jogo, o Kart VR está pronto para o proporcionar. A imersão sem paralelo, a física realista e as emocionantes competições online vão atrair jogadores de todas as idades e nacionalidades.
- Entusiastas do Karting: Aqueles que vivem para o rugido dos motores e a emoção das corridas apreciarão a oportunidade de aperfeiçoar as suas capacidades de condução no ambiente seguro do Kart VR, sem qualquer risco para si ou para o ambiente.
- Famílias: O karting VR é uma excelente opção de entretenimento para toda a família, onde pais e filhos podem competir uns contra os outros e criar memórias duradouras.
- Juventude: Visitar uma arena de karting virtual está na moda, é moderno e fixe. Permite aos jovens mergulharem no mundo da alta tecnologia e passarem tempo com os amigos, ganhando experiências inesquecíveis.

6.2 Estratégia de promoção: A toda a velocidade para o sucesso de

Para que a sua atração de RV seja conhecida em todo o mundo, é essencial desenvolver uma estratégia de promoção eficaz que capte a atenção do seu público-alvo e diferencie o seu projeto da concorrência.

Eis algumas dicas para o ajudar a alcançar o sucesso:

Marketing em linha:

- **Crie um sítio Web cativante:** Apresente todas as caraterísticas da sua atração com fotografias deslumbrantes, vídeos cativantes e testemunhos de clientes convincentes.
- **Lançar campanhas nas redes sociais:** Dirija-se aos seus perfis de clientes ideais - jogadores, entusiastas de corridas, famílias com crianças.
- **Utilizar publicidade direcionada e contextual:** Chegar às pessoas já interessadas em

tecnologia e entretenimento de RV.

- **Organize concursos e brindes em linha:** Crie entusiasmo e atraia novos públicos.

Relações públicas:

- **Interagir com os meios de comunicação social:** Contactar as principais publicações que cobrem a RV, os jogos e o entretenimento.

- **Organize test drives para jornalistas e bloguistas:** Deixe-os experimentar a emoção em primeira mão e partilhe as suas impressões com um público mais vasto.

- **Apareça em programas de TV:** Procure oportunidades para apresentar a sua atração em programas sobre novas tecnologias e entretenimento.

Marketing de influência:

- **Colaborar com bloggers e influenciadores:** Estabeleça parcerias com jogadores populares, bloggers de tecnologia e líderes de opinião que influenciam o seu público-alvo.

Eventos do sector:

- **Participe em exposições e conferências:** Cause uma impressão memorável em eventos do sector, apresentando as capacidades da sua atração a potenciais clientes, investidores e parceiros.

Não esquecer:

- **Criar uma identidade de marca forte:** Desenvolva uma marca única e memorável para a sua atração, uma marca que evoque dinamismo, a emoção das corridas e emoções inesquecíveis.

- **Concentre-se no seu público-alvo:** Adapte sempre a sua mensagem e os seus canais de marketing de modo a que estes se sintam atraídos pelos seus clientes ideais.

- **Melhoria contínua:** Não descanse sobre os louros! Explore continuamente novas vias promocionais e aperfeiçoe a sua estratégia para se manter à frente da concorrência.

6.3 Criar a marca: O rosto da velocidade

Para que a promoção do Kart VR seja bem sucedida, é crucial criar uma marca vibrante e memorável associada a um mundo de velocidade, alta tecnologia e experiências inesquecíveis.

- Logótipo: Dinâmico e futurista, reflectindo a essência da atração.

- Slogan: Curto, cativante e memorável, evocando o desejo de mergulhar no mundo do Kart VR Evolution.
- Identidade da marca: Moderna, enérgica e apelativa para o público-alvo.

O Kart VR Evolution tem o potencial de se tornar sinónimo de uma nova geração de corridas virtuais.

6.4 No mundo dos jogos e do entretenimento: Conquistar o mercado

O Kart VR oferece um nível de imersão sem paralelo que os videojogos e simuladores tradicionais simplesmente não conseguem igualar. Não se trata apenas de entretenimento individual; é uma plataforma de interação social onde os jogadores podem competir, ligar-se e partilhar experiências. O Kart VR é também uma plataforma de crescimento, capaz de se expandir com novos modos de jogo, pistas, funcionalidades e tecnologias.

Estou confiante de que o karting de realidade virtual se tornará uma das formas mais populares de entretenimento em todo o mundo, atraindo milhões de jogadores e estabelecendo novos padrões na indústria das atracções de RV.

Capítulo 7: Acelerar sem prejudicar o planeta - Responsabilidade ambiental

Num mundo em que as preocupações ambientais são cada vez mais urgentes, é essencial que as novas tecnologias não só entretenham, mas também demonstrem responsabilidade para com o nosso planeta. O Kart VR esforça-se por ser um exemplo de projeto sustentável e amigo do ambiente.

7.1 Minimizar o impacto ambiental

Estamos empenhados em minimizar a nossa pegada ambiental e tomámos várias medidas para reduzir o nosso impacto:

• Scooters Eléctricas Auto-Balançáveis: Ao contrário dos karts tradicionais que utilizam motores a gasolina, o Kart VR é movido a eletricidade. Os nossos karts estão equipados com scooters eléctricas ecológicas que não produzem emissões nocivas e não poluem o ar.

• Tecnologias eficientes em termos energéticos: Esforçamo-nos por minimizar o consumo de energia. A atração utiliza equipamento energeticamente eficiente e o software é optimizado para reduzir a carga no servidor e nos computadores.

7.2 Ecologia e o futuro

Não vamos ficar por aqui! Planeamos implementar ainda mais soluções amigas do ambiente:

• **Fontes de energia renováveis:** Estamos a explorar a possibilidade de utilizar painéis solares para alimentar parcialmente a atração com energia limpa.

• **Materiais reciclados:** O nosso objetivo é utilizar materiais reciclados na construção dos karts e do equipamento da atração, reduzindo o nosso impacto ambiental e apoiando a indústria da reciclagem.

• **Educação ambiental:** Queremos que o Kart VR Evolution seja mais do que apenas entretenimento; queremos que seja uma plataforma para promover a consciencialização ambiental. Iremos educar os nossos convidados sobre a importância de proteger o nosso planeta e como as tecnologias virtuais podem ajudar a criar um futuro mais sustentável.

O Kart VR Evolution não é apenas uma experiência de entretenimento emocionante, mas é também um projeto criado com um profundo respeito pelo nosso planeta. Acreditamos que o futuro pertence às tecnologias que se alinham com os princípios da sustentabilidade e ajudam a preservar a nossa casa comum - o planeta Terra.

Capítulo 8: Evolução do Kart VR e Apple Vision Pro: Uma nova dimensão da realidade

O lançamento do headset Apple Vision Pro oferece-nos uma oportunidade única de atualizar o nosso sistema de karting virtual e utilizar este dispositivo para experiências de realidade virtual (RV) e realidade aumentada (RA). O Apple Vision Pro promete ser um dispositivo revolucionário que funde o melhor da RV e da RA, abrindo horizontes totalmente novos para os utilizadores de tecnologias interactivas.

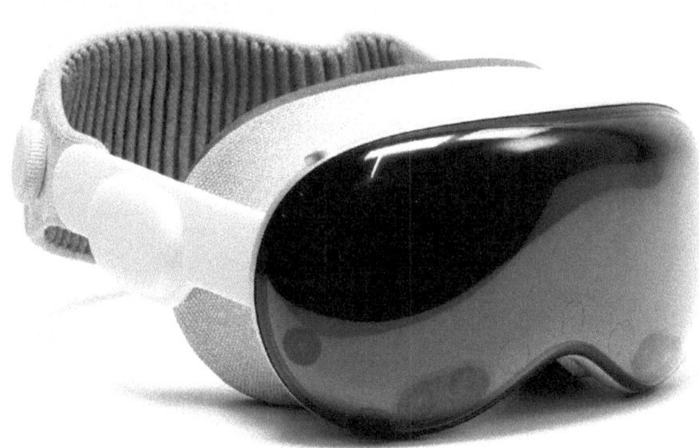

8.1 Revolução na realidade mista

O Apple Vision Pro é um auricular de realidade mista (MR) que combina elementos de realidade virtual (VR) e realidade aumentada (AR). Permite aos utilizadores interagirem com objectos virtuais no mundo real e mergulharem em ambientes virtuais cativantes.

8.2 Especificações técnicas do Apple Vision Pro

O Apple Vision Pro está equipado com tecnologia de ponta, incluindo:

- Ecrã de alta qualidade: Proporciona imagens vibrantes e nítidas, essenciais para uma experiência de RV e RA confortável e realista.

- Áudio espacial: Cria uma sensação de presença no ambiente virtual, permitindo ao utilizador identificar a direção dos sons e mergulhar ainda mais na experiência.

- Sensores de seguimento de movimentos: Asseguram o seguimento preciso dos movimentos da cabeça e das mãos, tornando a interação com objectos virtuais mais intuitiva e natural.

- Processador potente: O Apple Vision Pro está equipado com um processador potente capaz de executar até as aplicações de RV e RA mais exigentes de forma suave e reactiva.

8.3 Apple Vision Pro em Realidade Virtual

O Apple Vision Pro abre novas possibilidades para criar experiências de RV extraordinárias:

- Jogos: Os jogos de RV que utilizem o Apple Vision Pro tornar-se-ão ainda mais realistas e envolventes graças aos visuais de alta qualidade, ao áudio espacial e ao controlo preciso dos movimentos.
- Formação: As simulações de RV com o Apple Vision Pro podem ajudar as pessoas a aprender novas competências num ambiente seguro e controlado, conduzindo a resultados de formação mais eficazes.
- Entretenimento: Os filmes, concertos e outras formas de entretenimento em RV tornar-se-ão ainda mais imersivos e impressionantes, transportando os espectadores para novos mundos e experiências.

8.4 Apple Vision Pro em realidade aumentada

O Apple Vision Pro também ultrapassa os limites da realidade aumentada:

- Navegação: As aplicações de RA combinadas com o Apple Vision Pro facilitarão a navegação em locais desconhecidos, sobrepondo direcções, pontos de interesse e outras informações úteis diretamente no mundo real.
- Design: As ferramentas de RA que funcionam em conjunto com o Apple Vision Pro permitirão aos designers criar e visualizar os seus projectos no mundo real, interagindo com modelos 3D como se fossem objectos físicos.
- Jogos: Os jogos de RA transformarão o mundo real num parque de diversões envolvente, acrescentando objectos e personagens virtuais ao ambiente que rodeia o jogador.
-

8.5 Perspectivas de integração do Apple Vision Pro com o Kart VR

O Apple Vision Pro tem o potencial de ser o complemento perfeito para o Kart VR, levando a atração a novos níveis de realismo e imersão.

- Gráficos e som melhorados: Com o ecrã de alta qualidade e o áudio espacial do Apple Vision Pro, podemos tornar os visuais e os sons do Kart VR Evolution ainda mais realistas e cativantes, esbatendo ainda mais as linhas entre o virtual e o real.
- Elementos de RA: A integração de capacidades de RA através do Apple Vision Pro permite-nos adicionar novas funcionalidades e possibilidades interessantes ao Kart VR. Por exemplo, objectos virtuais como bandeiras, power-ups ou mesmo concorrentes podem aparecer no mundo real, interagindo com os jogadores e criando uma experiência mais envolvente e interactiva.

Conclusão:

O Kart VR Evolution não é apenas mais um projeto; é um vislumbre do futuro do entretenimento, um futuro em que as linhas entre a realidade e a virtualidade se esbatem e a tecnologia serve o melhoramento da humanidade. Estamos confiantes de que o Kart VR Evolution irá revolucionar os mundos das corridas e da realidade virtual, proporcionando às pessoas experiências inesquecíveis e memórias duradouras.

NEON

Bibliografia:

1. Realidade virtual: Uma nova era de entretenimento e educação. / Editado por A.A. Petrov. - Moscovo: Editora Technosphere, 2022. - 350 p. (Em russo)
2. A inteligência artificial nos jogos: Da simulação à realidade. / D.A. Sidorov. - Moscovo: Editora Binom, 2021. - 400 p. (Em russo)
3. Tecnologias do futuro: Realidade virtual, realidade aumentada e realidade mista. / editado por N.N. Kozlov. - Moscovo: Editora Lan, 2023. - 500 p. (Em russo)
4. Karting: História, tecnologia, corridas. / S.V. Ivanov. - Moscovo: Editora Avtosport, 2018. - 280 p. (Em russo)
5. Smirnov A.V. Realidade virtual no desporto: Novas oportunidades de formação e entretenimento. // Revista de tecnologias e inovações, 2023, n.º 2, pp. 45-52. (Em russo)
6. Kuznetsova E.I. Desenvolvimento de atracções de realidade virtual: Tendências e perspectivas. // Inovações na revista da indústria do entretenimento, 2022, nº 3, pp. 25-31. (Em russo)
7. Lee, E. A., & Park, N. (2018). Considerações éticas sobre a realidade virtual na educação. Pesquisa e desenvolvimento de tecnologia educacional, 66(4), 761-780. DOI: 10.1007/s11423-018-9593-x
8. Madary, M., & Metzinger, T. (2016). Virtualidade real: Um código de conduta ética. Recomendações para boas práticas científicas e para os consumidores de tecnologia de RV. Fronteiras em robótica e IA, 3, 3. DOI: 10.3389/frobt.2016.00003
9. Associação de entretenimento temático (TEA). https://teaconnect.org/
10. VRScout. https://vrscout.com/
11. Rumo ao lazer com emissões zero. https://zeroleisure.org/
12. Informações sobre Ninebot S Pro no o site oficial site oficial da Segway. https://www.segway.com/products/pt/ninebot-s-pro/
13. Oficial página do Pimax 8K+ no no sítio Web do fabricante. https://www.pimax.com/products/pimax-vision-8k-plus
14. Página do Apple Vision Pro no sítio Web oficial da Apple. https://www.apple.com/apple-vision-pro/
15. Análise do Apple Vision Pro. CNET. https://www.cnet.com/tech/computing/apple-vision-pro-hands-on-a-spectacular-e-spendy-new-reality/
16. Sítio Web oficial do Unreal Engine. https://www.unrealengine.com/
17. Materiais da exposição VR/AR/MR 2023. https://www.vrar-expo.com/
18. Materiais da conferência "Realidade virtual e o futuro do entretenimento". https://vr-conf.ru/ (em russo)

Printed by Books on Demand GmbH, Norderstedt / Germany